NOTICE

SUR LA

CULTURE DU HOUBLON,

ET DE

L'EMPLOI DES FILS DE FER SUBSTITUÉS AUX PERCHES;

PAR M. DENIS,

MEMBRE DE LA SOCIÉTÉ D'AGRICULTURE DU DÉPARTEMENT DES VOSGES.

A TOUL,

CHEZ J. CAREZ, IMPRIMEUR-LIBRAIRE,

ET A PARIS,

CHEZ FORTIC, LIBRAIRE, RUE DE SEINE, N° 21.

1828.

TOUL, IMPRIMERIE DE J. CAREZ.

NOTICE

SUR LA CULTURE DU HOUBLON.

Il y a trente ans que la culture du houblon était inconnue dans la Lorraine, l'Alsace, la Franche-Comté et aujourd'hui le seul département des Vosges lui consacre, peut-être, 300 hectares de terrain. A cette époque quelques arpents seulement étaient cultivés à Rambervillers. C'est de ces houblonnières que l'on a tiré exclusivement, le plant avec lequel on a successivement étendu cette précieuse culture, dont on a obtenu pendant plusieurs années des bénéfices considérables, mais qui ont diminué peu-à-peu, et sont aujourd'hui si chétifs qu'à peine couvrent-ils les frais de culture. Ainsi nous sommes arrivés, peut-être, au moment de renoncer à une branche assez importante de notre agriculture, à moins que nous ne trouvions les moyens de soutenir la concurrence avec les houblons étrangers, et tel est le but que je me propose dans cette notice.

D'après un mémoire sur le houblon, imprimé

en 1825 par MM. Payen, Chevalier, et Chaptal, l'on voit que celui des Vosges tient un rang distingué par le poids de la lupuline qu'il contient, c'est-à-dire de la sécrétion jaune qui en fait le seul mérite. Sur treize échantillons du commerce dont ces MM. ont fait l'analyse, celui de Poperingue; (Flandre autrichienne) a donné de la lupuline dans les proportions suivantes : . . . . . . 18 p. %

Celui d'Amérique. 16,90

Celui de Bourges. 16

Celui de l'étang de Crecy, (Oise). 12

Celui de la Flandre française. . 11,50

Celui des Vosges. 11

Celui d'Angleterre. 10

Celui de Lunéville 10

Celui de Liége. 9

Celui d'Alost. (Flandre autrichienne) 8

Celui de Spalt. 8

Celui de Toul. 8

Enfin un échantillon français d'origine inconnue. 10

Comment se fait-il alors, d'aprés le tableau ci-dessus, que nos houblons ayent dans le commerce une si grande infériorité de prix? Pourquoi leur préfère-t-on les houblons étrangers, malgré leur prix bien supérieur, puisqu'ils payent déjà un droit d'importation de quarante francs par quintal métrique? Il n'en faut, je crois, chercher d'autre raison que dans une infériorité de qualité. En effet les auteurs du mémoire dans lequel j'ai puisé les documents cités, disent à l'art. du houblon des Vosges.

« Ce Houblon est moins estimé des bras-
» seurs, à cause de sa force. »

Quelle que soit cette cause, il faut la faire disparaître, il faut lui conserver les qualités qui seules le feront admettre dans la fabrication de la bierre, il faut enfin soutenir cette branche de notre industrie, lui donner de l'extension, et par là nous soustraire au tribut considérable que nous payons à l'étranger, pour une denrée que nous pouvons recolter chez nous. (1)

Les moyens d'y parvenir ne me semblent pas impossibles. Il en est un surtout que j'indiquerai avec d'autant plus de confiance que l'expérience en a démontré l'efficacité.

Le houblon est éminemment balsamique et aromatique; son emploi principal, ou plutôt son unique emploi, est de parfumer la bierre. Il est aussi par son huile essentielle et sa résine, un des principes de sa conservation. Alors il me semble que la sécrétion jaune qui

(1) Les auteurs du mémoire le portent à 1,362,880 fr. annuellement.

contient ces deux substances a besoin d'une haute température pour atteindre à la perfection dont elle est susceptible, et parvenir par conséquent à une complète maturité. Nos parfums les plus doux croissent dans les pays intertropicaux et nos fruits sont d'autant plus suaves que l'année à été chaude et belle.

Dans notre département, le houblon n'arrive à sa maturité qu'au 15 septembre, année commune. A cette époque la température est déjà très incertaine : des pluies froides, une gelée blanche, des brouillards épais, de grands vents qui agitent fortement les perches chargées alors d'un grand poids à leur sommet, en culbutent une partie et occasionnent la meurtrissure des cônes qui se heurtent, surtout lorsque ces perches sont trop rapprochées, comme elles le sont généralement dans la culture actuelle, toutes ces causes de détérioration auxquelles les houblons échappent rarement, altèrent la blancheur des pétales, les rougissent quelque fois instantanément et les font enfin rebuter par le commerce qui ne s'en charge plus qu'à des prix modiques et seulement lorsqu'il y a pénurie de cette denrée.

Les planteurs alors, pour prévenir la perte de leur récolte, se décident à cueillir le houblon avant le temps, lorsque les cônes n'ont encore éprouvé aucune détérioration, et livrent ainsi au commerce une denrée mal élaborée, imparfaite, qui ne présente plus à l'odorat cette suavité franche qui en fait le principal mérite et qui seule peut parfumer agréablement la bière. Cette odeur suave a quelque chose d'acerbe et de sauvage, qui est à ce que je crois, le principe de cette *force* dont parlent les auteurs du mémoire, et la cause du refus des brasseurs. La dessication doit aussi agraver le mal et surtout faire éprouver un déficit notable dans le poids.

Pour faire cesser un état de chose aussi déplorable, je ne connais que deux moyens, dont l'un est actuellement à la portée des planteurs; le second plus efficace, infaillible, présente des difficultés, ou exigera du temps; mais avec de la persévérance, nous parviendrons à faire cesser les obstacles qui nuisent essentiellement à notre prospérité.

Le premier moyen consiste dans la culture mieux raisonnée du houblon.

Le houblon paraît indigène dans nos climats. On le rencontre dans beaucoup de localités, mais surtout le long de nos ruisseaux, lorsque les bords de ceux-ci sont protégés par des arbustes et des buissons : il croît surtout au milieu des épines. Il est probable que quelques jours de houblonnières cultivées d'abord à Rambervillers, ont été formées avec du replant que l'on avait pu se procurer facilement dans le pays, et ces houblonnières ont été, comme je l'ai dit, la pépinière de toutes celles du département et peut être aussi des départements, environnants. Ainsi tous nos houblons sont de la même variété, au moins je n'ai jamais remarqué de différence assez sensible dans la plante et dans le fruit, pour faire soupçonner des variétés différentes. Je me suis amusé quelquefois à cueillir des cônes de ce houblon à l'état agreste. J'en ai trouvé d'une odeur nauséabonde et repoussante, d'autres étaient moins désagréables à l'odorat, mais jamais je n'en ai rencontré d'une qualité aussi bonne que celui que je récoltais; aussi n'en ai-je jamais mêlé avec le mien, quoique j'eusse pu m'en procurer à très bon marché, des quantités assez notables. Il paraîtrait donc certain que la culture seule en a considérablement amélioré la qualité, de même qu'elle en augmente la quantité, et ce phénomène n'est pas inexplicable à quiconque est initié aux mystères de la végétation.

Si une culture soignée a dû nécessairement apporter une modification aussi importante dans la qualité de nos houblons, je n'ai pas le moindre doute qu'elle ne puisse aussi accélérer l'époque de la maturité de cette plante, et si je puis présenter ici des raisonnements que la saine théorie ne puisse rejeter, j'aurai rempli le but que je me suis proposé. C'est à l'expérience, notre maître à tous, à confirmer la doctrine que je vais professer et que je n'appuierai que sur des faits bien connus et que tout le monde pourra apprécier.

Le houblon est une plante très épuisante : sa vigoureuse végétation, sa grandeur en sont la preuve. Il exige donc une terre fertile, ou d'abondants engrais dans celle qui ne l'est pas. Cette plante, il est vrai, comme toutes les autres, se nourrit autant des influences de l'air atmosphérique qu'elle absorbe par sa tige et ses feuilles, que par la nourriture que ses racines trouvent dans la terre, mais cette absorption n'étant jamais qu'en raison du développement de toutes ses parties, il est clair qu'un bon terrain doit seul donner des produits satisfaisants. Ainsi une terre de médiocre qualité exigera des engrais copieux et fréquents, tandis que la fertilité des bons terrains n'aura besoin de réparation que de loin en loin, et seulement lorsqu'on s'aperçoit qu'elle est nécessaire. Il y a donc d'abord une grande économie, à raison de la rareté et du haut prix des engrais, à ne cultiver les houblons que dans un terrain riche.

En second lieu, les engrais nécessaires à la bonne tenue des houblonnières, ne doivent pas leur être administrés inconsidérément, comme cela se pratique. Les fumiers frais, les boues de ville, les matières fécales surtout, ne doivent jamais être employés que lorsqu'ils sont amenés à une dissolution complète, c'est-à-dire, qu'ils sont réduits en terreau. Autrement on risque de donner aux cônes du houblon une odeur désagréable qui ne manquera pas de rebuter le marchand. Il n'y a personne qui ne sache que les vignes, par exemple, dont on à réparé l'épuisement avec du fumier frais, donnent toujours, la première année, un vin plat et désagréable. Cependant les racines de la vigne sont ligneuses, dures, en petit nombre, tandis que le houblon a les siennes nombreuses, longues, menues, molles et par conséquent susceptibles de digérer dès la première année une grande partie de l'engrais qu'on lui aura administré. Il serait donc prudent de prévoir deux ans à l'avance, la quantité d'engrais dont on aura besoin, afin de le convertir en humus ou terreau. Pour activer sa décomposition, on pourra employer utilement la chaux que l'on interposera par lits avec les autres substances. Remuer seulement deux fois par an, le tas, et l'arroser pendant les grandes chaleurs de l'été pour établir une fermentation active et indispensable, voilà les seuls soins peu dispendieux, qu'exigera cette opération importante, puisqu'elle préviendra la mauvaise qualité de la recolte.

Si l'on croit pouvoir négliger les précautions que je viens d'indiquer, que l'on prenne au moins la suivante. Lorsqu'on veut amender sa houblonnière on donne ordinairement l'engrais local, c'est-à-dire, que l'on dépose une certaine quantité de fumier sur chaque plant de houblon. Cette opération doit toujours être faite après la récolte et le plutôt possible. Pour cela il faut défaire les monticules, placer le fumier autour des plantes et le recouvrir de quelques pouces de terre seulement. Pendant l'intervalle qui se trouve entre cette œuvre et la taille du houblon, les pluies, la fonte des neiges en détachent une grande partie des principes fécondants qui se déposent sur les racines du houblon. Lorsqu'on le châtre au printemps, on éparpille le fumier que l'on retrouve et on n'en doit point laisser en masse. Il attire par sa fraîcheur, les vers, les courtillères et tous les insectes qui y trouvent de plus une pâture abondante, et qui coupent entre deux terres, les bourgeons à mesure qu'ils poussent. J'ai vu des houblonnières très endommagées et très fatiguées par cet inconvénient, dont on ne se doutait pas.

Les terrains que l'expérience a indiqués comme étant les plus propres à la culture du houblon, sont les terres calcaires et les terres blanches franches, de consistance moyenne, profondes et fraîches. Les terres trop fortes les glaises, les silices (1) les schistes (2) les sables brûlants ne lui conviennent pas. Pour obtenir les meilleurs résultats possibles, il serait bon de défoncer, à deux pieds de profondeur au moins, les terrains destinés aux houblonnières, mais c'est une dépense considérable que l'on peut diminuer de moitié par le procédé suivant que j'ai toujours employé et dont j'ai été content.

Il consiste à ouvrir dans toute sa longueur à deux pieds de profondeur, sur trois pieds de largeur, la première ligne dans laquelle on plante le houblon. La terre sera rangée à côté. La seconde ligne se vuidera dans la première, la troisième dans la seconde et ainsi de suite, de manière que le premier fer de bèche soit déposé dans le fond de chaque ligne et que la terre du fond de chaque ligne soit à la superficie de la précédente. Il ne restera plus alors qu'à remplir la dernière ligne ouverte, avec la terre de la première ligne, leurs intervalles seront bèchés simplement à un pied de profondeur; mais il faudra fumer

(1) Les silices sont les terres remplies de cailloux.

(2) Les schistes sont les terres dont les pierres se lèvent par feuilles comme de l'ardoise. On l'appelle dans ce pays, de la monnaie de France.

amplement la totalité du terrain. Le fumier pour cette première fois sera employé tel qu'il sera. On cultivera aussi des légumes dont la récolte couvrira une partie des frais, et l'on aura l'attention de laisser libre et dans un espace de quatre pieds en tous sens, le jeune plant qui jouira ainsi de toutes les influences de l'atmosphère, sans craindre d'être étouffé. Le terrain dans lequel on veut former une houblonnière doit être préparé pendant l'automne qui précède la plantation, afin qu'à la sortie de l'hiver, toute la terre soit amenée à un état complet d'ameublissement. Les trous dans lesquels on doit mettre le replant, seront remplis avec la meilleure terre de la houblonnière : on conçoit que celle provenant du fond de la fouille, ne peut encore contenir que peu de principes de fécondation. Pour mettre le plant en terre, il faut attendre que celle-ci soit bien ressuyée et à l'état pulvérulent, mais cette opération doit toujours être faite le plutôt possible parceque la sécheresse est très nuisible à sa reprise. Trois plants suffisent dans chaque trou, à six pouces les uns des autres. Il faut le choisir long de cinq à six pouces; ayant, le plus qu'il sera possible, deux rangs circulaires d'yeux, et rebuter celui qui ne serait pas plein. Ordinairement le gros replant est creux et d'une reprise incertaine.

Il faut aussi avoir l'attention de le mettre en place aussitôt après qu'il sortira de la pépinière, car il s'évente avec la plus grande facilité et ne pousse plus. Si la terre est bien ameublie on pourra y enfoncer le replant avec la main, sans craindre de l'offenser, à deux pouces au-dessous de la superficie; mais cette terre étant nouvellement remuée à deux pieds de profondeur, s'affaissera et pourra laisser quelquefois le plant à découvert; il ne faut jamais négliger, dans ce cas là, de le recouvrir de deux pouces de terre et jamais plus, afin de donner aux bourgeons la facilité de sortir, le plant trop enterré étant sujet à pourrir. Au milieu des trois plants, on plantera simplement un échalas de vigne autour duquel on réunira et on entrelacera toutes les tiges que l'on aura l'attention de rompre le moins possible, et auxquelles on ne retranchera rien. Il n'est pas question, la première année, d'obtenir du fruit, mais seulement des pieds vigoureux pour l'année suivante. En lui enlevant des entrefeuilles, en rompant quelque partie de la tige, on occasionera nécessairement une grande déperdition de sève. Les tiges du houblon pendant les premiers mois de son développement, semblent n'être que des tubes remplis d'eau. S'il est vrai d'un autre côté que la plante absorbe autant de nourriture par sa tige et ses feuilles que par ses racines, on doit comprendre combien on fait de tort au replant qui, n'ayant encore aucune racine, ne peut que souffrir de toutes les plaies qui lui seraient faites imprudemment. Lorsque les tiges seront parvenues au haut des échalas, et qu'elles auront acquis un peu de consistance, on buttera les pieds à trois ou quatre pouces seulement de hauteur. Cela suffira pour maintenir la fraîcheur et l'humidité autour du replant et l'aider à pousser de nombreuses racines. Enfin toute la culture à donner à la nouvelle houblonnière se complètera en la tenant nette de toute espèce de plantes parasites.

Presque tous les auteurs recommandent d'arroser le jeune plant dans les grandes sécheresses. Ce moyen presque toujours dispendieux est sujet à de graves inconvénients. Ces arrosements attirent infailliblement les insectes et exposent ainsi la plantation à en être dévorée. Si l'on considère d'abord que la terre remuée profondément dans les lignes de houblon est saturée d'eau, l'on n'aura pas à rédouter le hâle du printemps, si l'on a mis le plant en place le plutôt possible, alors il pousse des tiges qui deviennent des agents actifs de la végétation. L'on n'aurait plus à craindre qu'une sécheresse opiniâtre pendant l'été.

Je conviens que la plantation peut en souffrir, mais je n'en ai pas vu périr par cette cause, et le seul inconvénient que l'on aurait à craindre, ce serait de n'obtenir qu'une récolte plus faible l'année suivante. Pour peu que l'année de la plantation aura été belle et plantureuse, et que l'on n'aura pas négligé les petits soins que j'ai indiqués, la récolte sera aussi abondante à la seconde qu'elle pourra l'être par la suite. C'est ce que l'expérience a démontré : mais je ne puis conseiller une opération qui ne m'a jamais paru indispensable et qui pourrait avoir des résultats funestes. J'ai planté une houblonnière au printemps dernier, (1827) personne n'a encore perdu la mémoire de la longue et constante sécheresse de l'été, et malgré cela ma plantation a fort bien réussi.

La seconde année et les suivantes, les plants se tailleront sur la crue de l'année à un pouce de hauteur; mais à la première taille, il est, je crois, essentiel de réduire les pieds au nombre de deux. Ainsi dans le cas où tous les plants que l'on aurait mis en terre, auraient repris, il faudrait arracher les plus faibles, et n'en conserver que les deux plus forts. Ils seront plus que suffisants pour porter les quatre ou cinq brins qu'on élève pour porter du fruit; je ne comprends pas même la raison d'en conserver deux, un seul devrait suffire, parceque profitant de toute la nourriture qu'il partage avec son voisin, il en deviendrait plus fort, et pourrait, sans se fatiguer, donner le nombre de tiges nécessaires. Je livre cette observation à la méditation des planteurs.

L'exposition de la houblonnière ne peut plus être un problême d'après ce que j'ai dit jusqu'à présent et que je confirmerai encore plus bas. Le midi et le levant sont les seules qui paraissent lui convenir dans nos climats, si l'on veut obtenir un houblon de vente, puisque c'est à ces seules expositions qu'il peut acquérir la qualité qui le fera rechercher. Il ne faut rien nous dissimuler. Le sens de l'odorat un peu exercé, déterminera toujours d'une manière précise la perfection de son parfum ainsi que sa quantité, et l'on doit perdre à cet égard, l'espoir de faire illusion soit aux brasseurs soit aux personnes qui en font commerce: N'en n'avons nous pas aujourd'hui la preuve trop convaincante? Il leur suffira d'en avoir plusieurs échantillons pour en faire une juste appréciation. Ainsi ne nous obstinons pas à créer des produits qui ne pouvant avoir un écoulement sûr, compromettraient notre prospérité.

De bons abris de quelque nature qu'ils soient, contre les vents du nord, seront toujours très

2

utiles parcequ'ils contribueront à maintenir la plus haute température possible.

La question de savoir à quelle distance les pieds de houblon doivent être entre eux, ne semble pas encore résolue pour tout le monde. Le plus grand nombre de nos houblonnières sont plantées à quatre pieds en tous sens, il y en a aussi à cinq pieds de Lorraine, et quelques unes enfin à six pieds. Cependant des observations bien faites à cet égard, auraient procuré aux planteurs une grande économie dans leur culture, puisque le nombre de perches nécessaires pour armer la troisième houblonnière, n'est pas la moitié de celles qu'il en faut pour la première; et cependant l'expérience a démontré que la récolte était aussi abondante en poids que lorsque les plants sont plus serrés. Je citerai à cet égard des autorités qu'il est impossible de récuser et dont les connaissances en agriculture sont connues de tout le monde. MM. Bertthier propriétaire du domaine de Roville, Mathieu de Dombasle qui dirige avec tant de succès la ferme modèle de Roville et enfin M. Raidot juge de paix à Gerbeviller. Mais il est un préjugé général et fatal aux progrès de l'agriculture, aussi vieux qu'elle, peut-être. C'est qu'il faut planter épais et semer dru pour obtenir d'abondantes récoltes, et si les nouvelles méthodes ont prouvé le contraire, les habitants des campagnes en attribuent le succès à toute autre cause qu'à la véritable. Ils épuisent toute la subtilité de leur esprit à trouver les raisons qui les maintiennent dans leur routine. Cet état de choses durera tant qu'ils n'auront pas une teinture de la physiologie végétale et des lois de la nature; jusque là le raisonnement ne peut avoir de prise sur eux, puisqu'ils ne peuvent rien comprendre à ce qu'on leur dit.

Si le terrein dans lequel il n'y aura que la moitié de plants que dans un autre donne une récolte aussi abondante, on ne peut pas nier, je crois que les fruits doivent en être aussi de meilleure qualité, et leur maturation plus accélérée. Si je ne me trompe, le fait semble décider qu'il ne peut être que très utile de substituer des lignes de fil de fer aux perches.

En effet, ces bons résultats sont la preuve que les pieds écartés ayant plus d'espace pour allonger leurs racines, trouvent dans la terre une nourriture plus abondante, que lorsque plus rapprochés, ils s'affament réciproquement. L'air, la lumière circulent plus librement, pénètrent mieux la plante toute entière qui jouit alors d'une double portion des utiles influences de l'atmosphère.

Qu'on se figure un jour de houblonnière armé de douze à treize cents perches. A la fin d'août, toutes leurs têtes se touchent ou peu s'en faut, les rayons du soleil, l'air ne parviennent plus sur le sol pour le réchauffer ou le ressuyer. Au moindre coup de vent, elles s'agitent en tout sens, se heurtent et meurtrissent leurs fruits. Dans l'intérieur, de longs bras étiolés, après s'être approprié une partie de la nourriture destinée à la plante, ne portent point de cônes qui ne se développent qu'au sommet de la perche où ils se trouvent trop entassés pour pouvoir perfectionner leur sécrétion jaune, surtout si la première quinzaine de septembre est pluvieuse ou brumeuse.

Imaginez actuellement la même houblonnière établie en fils de fer dont l'intervalle entre les plants sera de huit pieds. Il y aura d'abord autant de brins pour porter du fruit dans l'une que dans l'autre, puisque l'on élèvera quatre brins sur chaque plant dans le second cas, tandis qu'on n'en attache que deux à chaque perche. La plante constamment tenue à cinq pieds du sol, sur un plan horisontal, jouira d'une plus haute température que si elle s'élève à quinze ou dix-huit pieds. La réverbération de la terre suffit seule pour expliquer le fait. Elle absorbe bien plus facilement les fécondes émanations que le soleil pompe du sol et qui se dissipent à mesure qu'elles s'élèvent, et les bras nombreux qui se développent, se projettant d'abord dans tous les sens, affectant toutes les formes, semblent chercher à ressaisir la direction verticale qui paraît être naturelle au houblon. Mais bientôt trop faibles pour porter les fleurs et les fruits qui les chargent, ils retombent et pendent négligemment de chaque côté de la ligne, ne sont nulle part entassés les uns sur les autres, mais également répartis sur toute la longueur du fil de fer, ils se trouvent dans la position la plus favorable pour profiter de tous les principes fécondants de l'atmosphère. La preuve de ce que je viens de dire, c'est que les légumes cultivés entre les lignes du houblon acquièrent un développement aussi considérable que s'ils étaient en plein champ; c'est ce phénomène surtout qui à frappé toutes les personnes qui sont venues visiter ma houblonnière, tandis que les mêmes légumes semés ou repiqués dans les houblonnières armées de perches, ne meurent pas à la vérité, mais ne profitent pas et ne donnent jamais qu'un produit chétif.

Je dois mettre aussi au nombre des moyens d'accélération de la maturité du houblon la manière dont il croît sur les fils de fer. Sa pousse d'abord verticale est tout-à-coup rompue à angle droit à la hauteur de cinq pieds, sans qu'il puisse reprendre sa première direction. Sa sève arrêtée dans sa course doit alors couler plus lentement dans sa tige. Celle-ci ne croîtra plus aussi longue, peut-être, mais ses nœuds seront moins distants les uns des autres, et donneront conséquemment un pareil nombre de bras pour porter du fruit. N'est-ce pas par des raisons analogues que l'on plie et qu'on attache sous un angle plus ou moins ouvert, les gourmands que poussent quelquefois nos espaliers et qui menacent d'en épuiser la sève qu'ils s'attribueraient exclusivement et qu'on les force ainsi à devenir des branches utiles ? On casse, ou tord les mêmes gourmands sur les arbres en plein vent : enfin veut-on avoir des fruits plus volumineux, meilleurs et d'une maturité plus précoce de quinze jours ? On pratique l'incision annulaire sur les branches d'un arbre, d'une treille, d'un espalier, et tous ces phénomènes ne s'expliquent que par l'effet du ralentissement de la sève.

Concluons donc que dans la culture actuelle du houblon, nous marchons entre deux écueils que nous ne pouvons pas éviter en même temps ! Si nous attendons le vrai point de maturité du fruit, nous ne pouvons offrir au commerce que des cônes tachés qu'il rebute ; si nous récoltons avant le temps, la sécrétion jaune n'a pas encore acquis le perfectionnement dont une odeur suave et sans mélange est le résultat, et les brasseurs rejettent un houblon qui ne peut donner à leur bière qu'une amertume sans charme. N'oublions pas que le houblon n'a qu'un seul mérite qu'il ne peut acquérir que par une complette maturité. Cueillez, par exemple, des fraises, de cerises, des pèches, des abricots, un melon huit jours avant le temps, essayez par tous les moyens possibles de leur donner les qualités qu'ils n'ont pas encore? Huit jours après comparez les avec les mêmes fruits, mais perfectionnés par les mains de la nature, seront-ils ces fruits délicieux qui affectent si agréablement notre palais ? Telle doit être l'altération produite dans nos houblons par uue récolte précipitée, d'autant plus que ceux-ci sont uniquement balsamiques et aromatiques. Il faut donc hâter la maturité de cette plante si cela est possible; alors seulement elle sera appréciée et recherchée. Ce n'est pas parceque le houblon mûrit, qu'il se tache, la couleur de ses cônes, blanches d'abord, devient insensiblement d'un jaune doré. Voilà le point. Leur détérioration n'est que le résultat des pluies froides, des brumes, des coups de vent etc. et ces graves inconvénients ne seront plus à redouter lorsqu'on pourra faire sa récolte quand la saison est encore belle et la température plus élevée.

Il me semble donc qu'on arrivera au but que nous nous proposons :

1°. En substituant des fils de fer aux perches.

2° En choisissant bien la terre qui convient le mieux à ce genre de culture et qui doit être d'une grande fertilité. On hésitera d'autant moins, que la culture des légumes possible seulement avec cette méthode nouvelle et si économique, indemnisera toujours le planteur, et qu'on n'aura plus à faire usage d'une quantité considérable d'engrais dont l'emploi indiscret, doit avoir une influence pernicieuse sur la qualité du houblon.

3°. En donnant toujours aux houblonnières l'exposition du midi ou du levant, afin de les conserver dans une atmosphère élevée qui doit nécessairement accélérer la maturité des cônes; en effet c'est à ces deux expositions que nos espaliers se couvrent de fruits si beaux, si succulents qui font le charme de nos tables. Le couchant et surtout le nord n'en donnent jamais de comparables.

4°. En taillant les houblonnières le plutôt possible au printemps, c'est-à-dire, lorsque la terre se laisse facilement travailler, car il faut toujours éviter de la pétrir. En donnant à la plante tous les soins qu'elle exige, surtout en les lui prodiguant au moment le plus favorable. Si on négligeait trop, par exemple, de faire les entrefeuilles et d'en supprimer les bourgeons excédants, il en résulterait des plaies plus considérables, plus longues à cicatriser et une plus grande déperdition de sève.

5o. En tenant la houblonnière dans un état parfait de netteté et d'ameublissement. La terre sera ainsi plus habile à se laisser pénétrer par l'air, la lumière, les pluies et les rosées, tous principes fécondants de la végétation.

6o. Enfin en espaçant les lignes de houblon à six pieds de distance entre elles. De cette manière les deux lignes de légumes occuperont les deux tiers du terrain et le houblon le troisième tiers. Plus rapprochées, il ne serait plus possible de planter qu'une ligne de légume qui n'occuperait alors que moitié du terrain, et l'on ne récolterait peut-être pas davantage de houblon, mais à coup sûr, il n'aurait pas autant de qualité que dans le premier cas.

Si contre toute prévision, les moyens que j'indique, ne nous conduisaient pas au but, il nous restera toujours un moyen sûr de le toucher. C'est de substituer à notre plant une variété plus précoce, telle est celle du houblon de Spalt. MM. Retournard et Adam de Rambervillers en ont rapporté il y a quelques années quelques plançons qu'ils multiplient tant qu'ils peuvent. Toutes les personnes de Rambervillers qui m'en ont parlé conviennent unanimement que ce houblon mûrit plutôt que le nôtre et donne une qualité de fruit supérieure, ce qui ne doit pas paraître étonnant, cette meilleure qualité résultant peut-être autant de sa maturité hâtive que de l'espèce. On ne peut, dit-on, se procurer de ce replant, le gouvernement du pays a défendu l'exportation de cette précieuse variété, et ordonne que tout le produit de la taille soit brûlé sur place; mais il suffit qu'il en existe dans notre département pour pouvoir le substituer partout à celui que nous cultivons, et même dans peu d'années. MM. Adam et Retournard ont aujourd'hui cinq jours emplantés avec cette variété et les pieds sont à 6 pieds entre eux. Si au lieu de cultiver la plante pour en obtenir une récolte, on la consacrait pendant quelques années à nourrir du replant, on parviendrait bientôt à la possibilité de cette substitution dans tout le département. Il suffirait pour cela, d'élever sur chaque pied 6 bourgeons que l'on coucherait en terre sur une longueur de 3 pieds. Tout le monde sait que la tige du houblon couverte de terre devient une racine qui coupée par bouts de 5 à 6 pouces donnent le plantard. Chaque pied en fournirait parconséquent 24 en terme moyen, et un jour 1400 environ. Pour planter une houblonnière à 6 pieds entre les lignes et 8 pieds entre les plants, ceux-ci au nombre de 420 n'exigeraient que 900 plantards dont la reprise serait infaillible avec quelques soins. D'où l'on voit qu'un jour de houblonnière pourrait fournir le replant nécessaire à la formation de 15 jours ou 3 hectares et les 5 jours suffiraient à planter 75 jours ou 15 hectares, en suivant la progression 5 ou 6 ans au plus amènerait le bon résultat que nous cherchons. Il ne serait pas nécessaire pour cela de former de nouvelles houblonnières : dans toutes celles que l'on établirait en fils de fer, les nouveaux plants placés entre ceux existants et qui doivent être à 8 pieds entre eux, ou entre les lignes, végéteraient et se développeraient comme en plein champ et aussi bien que les légumes, ce qui est impraticable dans les houblonnière armées de perches. Lorsqu'ils seraient assez forts on arracherait les autres.

Je ne doute pas que ces messieurs ne se préteront volontiers à concourir à une amélioration aussi importante pour leur pays, bien entendu qu'ils retrouveraient dans la vente de leur replant, la juste indemnité des récoltes qu'ils auraient sacrifiées.

Il me reste à parler de deux opérations importantes; c'est la dessication et l'emballage du houblon. L'expérience démontre que l'huile essentielle que contient le fruit du houblon se dissipe très promptement et avec la plus grande facilité. Après la première année nos houblons ont perdu la moitié de leur valeur parcequ'ils ont perdu une grande partie de cette substance précieuse, après la seconde année, ils ne sont plus bons qu'à faire de la litière, ainsi il ne faut pas négliger les moyens de lui conserver ses parties activess ans lesquelles il n'a point de prix. Il faut d'abord en précipiter la dessication le plus possible, car on comprend combien il doit se faire de déperdition, surtout lorsque l'humidité de l'atmosphère prolonge cette opération.

La méthode peut être exclusivement employée dans le département pour sècher le houblon, est de l'étendre en couches minces sur le plancher d'une chambre ou d'un grenier, mais la grande quantité qu'on en récolte, ayant rendu ce moyen insuffisant, on a construit des cadres en lattes de sapin, traversés dans leur longueur par des ficelles de Strasbourg ou de Rouen qui sont à 6 lignes de distance entre elles. Ces cadres après avoir été chargés de houblon à l'épaisseur de 2 ou 3 pouces, se suspendent l'un après l'autre au plafond des appartements et ont entre eux un pied d'intervalle. De cette manière on triple, on quadruple, ou quintuple l'aire des appartements, selon qu'ils ont plus ou moins de hauteur. La dessication du fruit se fait bien parcequ'il a de l'air pardessus et par-dessous. On laisse entre ces cadres et les murs 2 pieds libres pour la circulation des ouvriers. Tous les jours, une fois ou deux, on remue le houblon avec des bâtons dont on frappe légèrement les ficelles par-dessous. On comprendra aussi combien il serait utile pour cette opération que les appartements dans lesquels elle se fait, fussent bien aérés et que les jours fussent garnis de vitres qui laisseraient pénétrer la lumière, lorsqu'on serait obligé de les fermer pendant la pluie et aussi pendant les nuits, pour empêcher l'accès à l'humidité qui prolongerait la dessication des cônes, en altérerait la couleur, et qui ne seraient ouvertes le matin, que lorsque le soleil aurait dissipé toutes les vapeurs de l'atmosphère.

Une seconde méthode est l'emploi de la touraille. Je ne connais que M. Mathieu de Dombasle qui en fasse usge, et il en est content. J'ai vu son houblon séché par ce procédé. Il a plus d'apparence que les nôtres parcequ'il est moins effeuillé, mais je ne sais si la qualité de la lupuline se conserve sans altération. Je ne sache pas qu'on ait fait à cet égard d'essai comparatif. L'effet de la touraille est presqu'instantané, cependant on ne pourrait emballer le houblon de suite, il se réduirait en poussière, il faut le déposer en tas dans un grenier, afin que l'air et l'humidité redonnent aux pétales des cônes assez de souplesse pour prévenir cet inconvénient. Si comme je l'espère, nous parvenons à pouvoir récolter dix ou douze jours plutôt, nos houblons parvenus à une complète maturité, ils ne contiendront plus une aussi grande quantité d'eau de végétation, la saison aura encore de la fixité et la température de l'élévation, alors huit beaux jours suffiraîent à sa dessication. Il faudrait autant de temps à peu près avec la touraille qui ne doit avoir, je crois de préférence que parcequ'elle obvierait à une plus grande déperdition des principes constitutifs de la plante, si la dessication traînait trop en longueur, comme cela est presqu'inévitable au temps de sa maturité actuelle.

Aussitôt qu'il sera possible, on ne doit pas tarder à emballer le houblon. Plus il sera comprimé, moins il souffrira d'altération. Avec le procédé généralement employé, il perd la moitié de sa valeur après un an, et presque la totalité au bout de deux ans, mais soumis à l'action d'une forte presse, il se conserve intact pendant trois ou quatre ans. « Les produits volatils à l'abri « de la circulation de l'air ne peuvent se dégager qu'en proportion très faible : les balles « compactes offrent encore l'avantage d'être « moins volumineuses, par conséquent plus faciles à transporter, moins embarrassantes dans « les magasins secs où on les renferme; enfin

« il est facile de voir que les chances d'altéra-
« tion sont éloignées. » (1).

Puisque l'expérience a constaté l'efficacité de ce procédé, nous devons nous empresser de l'adopter, alors nous ne serons plus forcés, pour éviter la perte totale de notre récolte, de la donner à vil prix, et nous aurons le temps d'attendre l'occasion favorable de nous en défaire. Thaer, dans son excellent traité d'agriculture, assure que la récolte du houblon manque en Allemagne tous les quatre ou cinq ans : voilà la raison du bon prix de nos houblons aussi tous les quatre ou cinq ans. La bière étant presque l'unique boisson des peuples du nord de l'Europe, lorsqu'ils n'en récoltent point dans leur pays, ils viennent acheter les nôtres tels qu'ils sont.

M. Retournard a fait construire une presse de ce genre qui réduit au 1/3 le volume des balles, mais elle ne pourrait suffire à l'emballage de tous les houblons du pays ; son prix élevé la met hors de la portée de la plupart des planteurs (2) mais pourquoi n'en ferait-on pas faire d'autres semblables à Rembervillers et dans toutes les communes où l'on cultiverait une certaine quantité de houblon, et que l'on mettrait à la disposition des planteurs, moyennant

(1) Ce qui est guillemeté est extrait du mémoire cité.
(2) Elle a coûté 500 fr.

une rétribution convenue de gré à gré. C'est ce qui arrivera infailliblement lorsqu'on en aura apprécié l'utilité.

Je terminerai enfin cette notice par quelques mots sur deux maladies considérables du houblon. La première est le miélat. C'est à ce qu'on croit, une extravasion d'une substance glutineuse, luisante et douce comme du miel qui s'étend sur les feuilles. Cette extravasion donne lieu à la naissance d'une quantité innombrable de pucerons qui dévorent la plante et détruisent entièrement la récolte dans quelques jours. Cet insecte existe toujours sur le houblon, mais hors le cas de la miélure, il n'est jamais en assez grand nombre pour faire tort. Quelque fois une pluie froide qui lave le miélat, le fait aussi périr, mais lorsqu'il persiste, tout est perdu si on n'y porte remède. Ce puceron paraît d'abord sur les feuilles du bas de la plante dont il détruit l'épiderme, et qui deviennent toutes noires. Aussitôt qu'on s'en aperçoit, il faut y porter remède avant qu'il ait fait l'invasion de la plante, il serait alors plus difficile de le détruire. Voici un moyen qui m'a complètement réussi.

J'ai fait couper et réunir dans un tablier que doivent porter devant eux, les ouvriers chargés de cette opération, les feuilles de la plante depuis terre jusqu'à 4 ou 5 peids de hauteur, et je les ai fait brûler à l'instant. Par ce moyen j'ai détruit des myriades d'insectes qui n'auraient pas tardé à monter sur les feuilles supérieures. J'ai ajusté au bout d'une latte de sapin de 12 pieds de longueur, une bande de linge enduite de soufre. J'ai recouvert cette mèche, à l'épaisseur de 2 ou 3 pouces, d'étoupes, de vieilles étoffes de laine, et j'ai mis le feu au soufre. Cette poupée donne alors une fumée épaisse et considérable avec laquelle on parfume tous les plants de bas en haut. En opérant par un temps calme, en tenant tous les ouvriers sous le vent, on enveloppe ainsi la houblonnière d'une vapeur qui ne se dissipe que peu-à-peu. La plante n'a nullement souffert, mais l'insecte a péri. Le lendemain examiné à la loupe, il était immobile, mais encore adhérent aux feuilles et à la tige; il tombait à terre aussitôt que je le déplaçais.

La seconde maladie est encore produite par un insecte. Sa larve s'introduit dans les cônes du houblon, presqu'à l'endroit de l'insertion du pédoncule, lorsqu'ils commencent à se former et quelquefois lorsqu'ils sont déja bien développés. Dans tous les cas l'on est prévenu, parceque le fruit se couvre de moisissure : lorsqu'il ne périt pas, il ne tarde pas à jaunir et à brunir. J'ai vu quelquefois des houblonnières bien endommagées par cette larve; mais n'en ayant jamais observé sur les miennes en assez grand

3

nombre, pour me donner de l'inquiétude, je n'ai pas cherché le moyen de la détruire. Celui que j'ai indiqué pour les pucerons, pourrait peut-être convenir, car nul animal ne peut exister dans une semblable atmosphère.

Si tout ce que je viens d'écrire sur l'amélioration de nos houblonnières, et que m'a dicté un peu d'expérience, ne porte pas la conviction dans l'esprit des planteurs, j'en ai dit assez, à ce que je crois, pour espérer que tous les vrais amis de l'Agriculture se décideront à faire au moins, en petit, les essais qui résoudront cet important problême. Leur exemple entraînera le reste des cultivateurs qui leur devront leur aisance, et notre département une partie de sa prospérité.

DES

FILS DE FER

SUBSTITUÉS AUX PERCHES.

La culture de houblon est agréable, à cause de la grandeur, de la vigueur et de la beauté de cette plante; mais indépendamment des plaisirs si doux attachés à l'agriculture, il faut encore que le cultivateur vive du produit de ses travaux, et c'est ce qui est impossible aujourd'hui en cultivant le houblon, si l'on considère d'un côté le peu de valeur de cette denrée, et de l'autre, non-seulement le haut prix des perches. que bientôt l'on aura de la peine à se procurer, même avec de l'argent, mais encore tous les autres frais accessoires et assez considérables que l'on est obligé de faire avant de pouvoir livrer cette marchandise au commerce.

J'avais eu l'idée, il y a plusieurs années, d'adopter une méthode pratiquée par les Anglais; elle est décrite dans le nouveau cours complet d'agriculture, et consiste à substituer une palissade aux perches. Mais cette manière, telle qu'elle est pratiquée, ne présente point ou peu d'économie. Une des raisons de son adoption était que les cônes pouvaient se cueillir en place avec des échelles doubles, à mesure de leur maturité, mais cette raison perd tout son poids dans notre pays où le commerce exige que le houblon soit le plus blanc possible, ce qui force les planteurs à le recolter bien avant sa vraie maturité. Ainsi on sacrifie pour un motif bien frivole, à ce que je crois, ce qui fait son plus grand mérite, je veux dire, son odeur suave et son parfum. Je connais un brasseur qui cultive aussi le houblon : il se conforme à l'usage pour celui qu'il destine à la vente, mais il laisse bien mûrir celui qui doit entrer dans sa fabrication. Il faut espérer que les brasseurs plus attentifs à leurs intérêts n'en demanderont plus que de tels. Tout le monde y gagnera, car le houblon mal mûr est plus léger que celui qui est arrivé à son vrai point de maturité.

Enfin cette idée de cultiver le houblon, en palissade, vient d'être réduite à sa plus simple expression, et présente des économies si considérables et tant d'avantages, que je crois qu'il est de mon devoir de l'indiquer aux cultivateurs. Je vais donc entrer dans les détails de cette méthode, et je tâcherai de ne rien laisser à désirer de ce qui pourra guider les planteurs, convaincu que la moindre difficulté, l'obstacle le plus léger, suffisent souvent pour faire rejeter les améliorations agricoles les plus importantes.

Cette nouvelle manière consiste à faire courir le houblon sur un simple fil de fer tendu sur les lignes de houblon et élevé de 5 pieds de France au-dessus du sol. Toutes les perches sont supprimées. On commencera d'abord par enfoncer rez terre, à coups de masse, à l'extrémité de chaque ligne de houblon, un piquet en chêne, de 24 à 30 pouces de longueur, épointé par un bout, et du diamètre de 4 à 5 pouces à l'autre bout. On enfoncera sur ces piquets un piton en fer de 4 pouces de longueur et assez fort pour qu'il ne plie pas en le chassant dans le piquet, et que son œillet ne se déforme pas. Voilà les deux premiers anneaux de la chaîne. Celle-ci est composée d'une quantité suffisante de fils de fer N.° 18, coupés par bouts de trois pieds de longueur, et maillés à chaque extrémité. Tous ces bouts seront réunis les uns aux autres par un double crochet en fil de fer N.° 22. Ce double crochet est fait d'un bout de fil de fer de 4 pouces seulement de longueur, replié d'un pouce à chaque extrémité, et se fixera à l'une des mailles du fil de fer N.° 18, de manière qu'il ne puisse s'en détacher, ensorte qu'il ne pourra point s'en perdre.

Quelques personnes croiront, peut-être, ce double crochet inutile, et voudront le remplacer par un crochet fait à une extrémité des fils de fer N.° 18 : mais l'expérience m'a prouvé que ce N.° 18, assez fort pour porter le poids assez considérable du houblon, lorsqu'il était parvenu à tout son développement, ne l'était plus assez pour tenir ses crochets toujours fermés, ils cèdent à l'effort, s'ouvrent et la ligne entière éprouve alors une dépression toujours nuisible au résultat de la récolte.

On pourrait, à la vérité, se servir du N.° 22, mais la dépense serait tout d'un coup triplée, car la livre du N.° 18 court 28 pieds de longueur, et la livre N.° 22 ne court que 9 pieds.

L'on voit ainsi, que tous ces bouts réunis les uns aux autres par le double crochet, en nombre suffisant pour la longueur de chaque ligne, ressemblent à une chaîne d'arpenteur que l'on tendra d'une manière très-solide à 5 pieds de haut, au moyen de chevalets dont je vais décrire la forme et indiquer le nombre.

Tous ces chevalets, sans exception, seront faits de deux bouts de bois de quelqu'essence qu'il soit; mais de chêne ou de saule marseau, quand on aura le choix, afin de leur donner la plus longue durée possible. Ils auront juste la longueur de 7 pieds et demi, et seront de deux pouces environ de diamètre au petit bout où ils seront réunis et fixés à deux pouces de leur extrémité par un fil de fer N.° 16. On pourrait se servir de liens de saule, de chêne etc., mais les chevalets devant servir un assez grand nombre d'années sans avoir besoin d'être renouvelés, on conçoit que le lien en fil de fer devient le plus économique, parce qu'il faudrait remplacer les autres tous les ans, et que l'on aurait aussi à craindre qu'ils ne vinssent à casser ou à se délier de quelque manière que ce soit, et alors le houblon tomberait à terre; d'ailleurs dans les calculs de comparaison que je ferai à la fin de cet écrit, on verra que la dépense est presque nulle.

Ce lien en fil de fer ou autrement, ne doit pas être trop serré, afin de pouvoir donner de l'écartement aux branches du chevalet et les rapprocher à volonté.

Lorsque l'on voudra établir les lignes de fil de fer, c'est-à-dire après que les plants de houblon auront été châtrés, on mettra à platte terre, les jambes écartées, et dans l'endroit où ils devront être placés, tous les chevalets nécessaires à la formation des lignes de fil de fer, de manière que la tête de ces chevalets se trouve le plus directement possible dans la ligne du houblon.

Il en faut un à l'extrémité de chaque ligne, et ils seront élevés à la distance de deux pieds des piquets en chênes armés de leur piton. Les autres seront distribués dans la ligne à 30 pieds de distance les uns des autres, de sorte que pour une ligne de houblon qui aurait 90 pieds, il faudrait 4 chevalets en tout et 7 seulement pour une longueur double, c'est-à-dire de 180 pieds.

Cela fait, on place le premier crochet sur le premier piton, et l'on réunit des fils de fer les uns au bout des autres, jusqu'à ce que l'on soit arrivé à l'extrémité de la ligne. Il faut avoir soin que la chaîne soit bien développée et qu'il n'y ait nulle part d'enchevêtrement; on la tire alors de manière à s'assurer qu'elle n'est pas plus longue que la ligne qu'elle doit parcourir.

J'ai dit que ces deux premiers chevalets devaient être dressés à deux pieds des piquets en chêne; ainsi la ligne totale se trouve dans tous les cas diminuée de 4 pieds. Mais il faut élever le fil de fer à 5 pieds de haut au-dessus du sol, ce qui donne 10 pieds auxquels il faut ajouter un pied, parceque le fil de fer partant du piton où il est accroché, pour arriver sur la tête du premier chevalet, décrit une diagonale qui en augmente la longueur d'un demi pied de chaque côté, en tout 11 pieds dont il faut en déduire 4. On voit par là qu'en ajoutant 7 pieds à la longueur exacte de la ligne, on parviendra sans tâtonnement, à dresser toutes ses lignes avec la plus grande régularité.

Tout cela fait, on commence toujours par élever les chevalets des deux extrémités; si les intermédiaires étaient levés les premiers, on ne parviendrait plus à dresser les deux extrêmes; j'ai rompu, et même sans de grands efforts, les deux premières lignes que j'ai essayées cette année, faute d'avoir pris cette précaution que je ne connaissais pas.

Ces deux premiers chevalets doivent être inclinés vers les piquets en chêne, de manière que les jambes soient à un pied plus en arrière dans la ligne du houblon que leur tête qui en sera à deux pieds, comme je l'ai dit : l'on verra combien cette pose leur donne de solidité. Tous les autres chevalets seront dressés le plus perpendiculairement possible.

Si l'on coupe à 7 pieds et demi de longueur, les deux branches des chevalets et qu'on les réunisse à deux pouces de leur extrémité, comme je l'ai recommandé, ils auront alors 10 pieds d'ouverture et 5 pieds d'élévation perpendiculaire sur les plants de houblon. De cette manière, ils donneront à la ligne de fil de fer toute la tension nécessaire que l'on pourra augmenter à volonté en rapprochant ces branches; la houblonnière offrira alors la plus grande régularité.

Avant d'aller plus loin, je dois rendre compte de l'expérience que j'ai faite cette année de cette nouvelle méthode, et de son résultat.

A la fin d'octobre 1826, étant à Toul, chez un ami, il me dit qu'il venait d'essayer la culture du houblon sur deux rangs de fil de fer, le premier élevé à 4 pieds au-dessus de terre, et le second à 6 pieds, et il m'assura que son produit avait été aussi considérable que sur les perches, et que les cônes avaient été généralement plus beaux. A ma prière, il me conduisit sur les lieux, à trois quarts d'heure de la ville, où je ne vis plus que les piquets qui restent à demeure. Nous entrâmes dans la maison de ferme où on me montra les fils de fer maillés à un bout, avec un crochet à l'autre bout. C'était du N.° 18. Ce N.°, me dit-il, est trop faible, les crochets cèdent facilement au poids du houblon, d'où résulte le grave inconvénient que j'ai signalé plus haut. Son projet en conséquence, était de se servir d'un fil de fer plus fort. L'idée du double crochet me vint à l'instant, et il demeura d'accord qu'il suffirait pour prévenir tout accident et ferait une grande économie.

Au printemps dernier, je consacrai à mon essai, le tiers d'une houblonnière composée de

25 lignes de houblon distantes entre elles de 6 pieds de France, les plants également à 6 pieds, mais que j'armais de deux perches chacun. Sur les huit lignes d'épreuve, je mis deux rangs de fil de fer à 6, et un rang unique à 2 seulement, parceque j'avais le pressentiment qu'un rang me donnerait autant de houblon que deux, et que la dépense d'établissement serait ainsi diminuée de moitié. Je ne pense pas avoir été trompé dans ma prévision, tous les seconds rangs ayant peu donné de cloches, probablement parceque le premier rang, qui enveloppait le second, absorbait à son profit la plus grande partie des utiles influences de l'atmosphère; toutes les personnes qui sont venues visiter ma houblonnière ont été d'accord avec moi sur ce fait; je suis donc décidé à me contenter d'une simple rangée de fil de fer, mais je continuerai à en mettre deux à quelques lignes, jusqu'à ce que l'expérience ait décidé la question.

Mes fils de fer n'étaient soutenus qu'avec la moitié du nombre de chevalets que j'ai indiqués : ils étaient tous à 7 toises (63 pieds) de distance les uns des autres; pour surcroît de maladresse, et faute d'avoir pris tous les renseignements nécessaires, leurs branches n'étant pas assez longues, leur écartement ne s'est trouvé être que de 4 à 5 pieds. Tout cela n'offrait pas une grande solidité, et j'en fus convaincu le 28 juillet, par un violent coup de vent qui renversa les six premières lignes et culbuta aussi un grand nombre de perches, mais les deux lignes qui sont restées debout, ont démontré par le nombre et surtout la beauté des fruits qu'elles portaient, que l'on pouvait espérer de cette nouvelle méthode autant de houblon en poids, mais beaucoup plus beau que par le procédé ordinaire.

Pour tranquilliser les personnes qui voudraient faire usage de cette nouvelle méthode, je vais transcrire ici un passage d'une lettre que m'a écrite M. Carez, imprimeur à Toul, auquel j'avais demandé des renseignements sur les résultats qu'il avait obtenus cette année.

« Le succès de cette nouvelle manière de » soutenir le houblon m'a parfaitement réussi, » et comme vous j'ai obtenu des produits infi- » niment plus beaux que les années antérieu- » res. Jai pu remarquer que la maturité était » plus hâtive, que les vents avaient moins de » prise, que la cueillette était plus facile et » plus prompte. Je ne pourrai donner de détails » bien circonstanciés qu'après la prochaine » récolte, je m'empresserai de vous les trans- » mettre, etc. »

Je reviens au placement des chevalets. Il

faut mettre chacune de leurs branches vis-à-vis un plant de houblon dont elles ne seront plus éloignées que d'un pied; on prendra deux brins sur ce plant, et on les fera tourner autour des branches au haut desquelles elles grimperont, et alors on les fera courir sur la ligne de fil de fer où ils seront parvenus. L'on conçoit que par ce moyen, on donnera aux chevalets le plus de résistance possible contre les coups de vent dont on ne peut calculer la violence, puisque ceux-ci ne pourront culbuter les lignes sans rompre d'abord les brins dont tout le monde connaît la force : avec toutes ces précautions faciles à exécuter, on n'aura plus de dangers à craindre. Je ferai la remarque que le brin couvrant la nudité des branches des chevalets, contribueront aussi à donner de l'agrément à la plantation.

Enfin, pour faire arriver les montants de houblon dont on voudra garnir les fils de fer, on plantera au pied de chaque plant, à quelques pouces de profondeur seulement, une baguette de la grosseur du pouce que l'on attachera après le fil de fer qu'elle ne doit pas dépasser, avec un osier ou un jonc, ou mieux qui serait terminée par une petite bifurcation, ce qui servirait à le maintenir à une distance toujours parallèle au terrein.

Le houblon parvenu au haut des baguettes,

on en dirigera la moitié des brins à droite et l'autre à gauche, de manière que la plante ait la figure d'un T, et on les fixera sur les fils de fer avec un jonc, mais en ayant l'attention de ne jamais le serrer, de crainte d'offenser le houblon. Par ce moyen ils n'auront que la moitié du chemin à faire pour rencontrer les brins du plant voisin, et lorsqu'ils se rencontreront, toute ligature deviendra inutile ou à-peu-près, la rugosité de la plante suffira pour les maintenir en place, seulement il faudra y remettre ceux qui s'en écarteraient par quelque cause que ce soit. Lorsque les bras se développeront et sortiront de l'aisselle des feuilles, il faudra les laisser libres et ne pas les projeter sur le fil de fer, ils s'y trouveraient trop entassés; seulement, il faudra arrêter, en coupant le dard à trois pieds, ceux qui dépasseraient cette longueur, afin qu'ils n'arrivent pas jusqu'à terre. On ôtera les entre-feuilles depuis terre jusqu'à la ligne de fil de fer.

Le nombre de brins que l'on destinera à courir sur les lignes et que l'on entortillera autour des fils de fer, sans contrarier la direction qu'affecte le houblon en s'élevant sur les perches, doit varier suivant le nombre de plants de houblon; je pense que deux suffiront lorsque ces plants seront à 4 pieds l'un de l'autre, 3 lorsque les plants seront à 6 pieds, et 4 lorsqu'ils auront entr'eux 8 pieds d'intervalle. Moins il y en aura, moins il y aura de cloches, peut-être, mais plus celles-ci acquerront de grandeur, et je pense de qualité. Il ne faut pas, j'en conviens, négliger la quantité en poids de la récolte, mais cette marchandise aurait plus de valeur si l'on obtenait le même poids de 100 belles cloches que de 200 d'un moindre volume, et l'on économiserait beaucoup sur ses frais de cueillette. Prenons toujours la nature pour guide et consultons davantage l'expérience. Nous voyons effectivement dans les années où nos vignes et nos arbres fruitiers se chargent extraordinairement de fruits, que ceux-ci restent toujours petits et de qualité médiocre; et s'il était possible de comparer en poids, ces récoltes avec celles moins abondantes, mais dans lesquelles les fruits auraient acquis tout leur développement, la différence serait certainement peu considérable; mais dans le premier cas nous aurions fait une perte bien plus importante qu'une stérile quantité; nos vins seraient sans force et privés du bouquet qui en fait le plus grand charme; nos fruits insipides n'auraient point de parfum. Au surplus la méthode que j'indique, offre, plus qu'aucune autre, le moyen de faire, à cet égard, des expériences comparatives, et je ne doute pas que les planteurs intelligents et qui voudront soigner leurs intérêts, ne les fassent, jusqu'à ce que la question soit exactement résolue.

Il me reste actuellement à démontrer, par le calcul, la différence considérable entre les dépenses de la culture actuelle du houblon et celle que je propose.

On établit les houblonnières de différentes manières. Quelques planteurs, et c'est, je crois, le plus grand nombre, mettent les plants à 4 pieds de France en tous sens.

Quelques uns à 6 pieds de France en tous sens et mettent deux perches à chaque plant.

D'autres enfin, à 5 pieds de Lorraine.

Voyons maintenant la quantité de perches nécessaires pour chaque méthode.

Je supposerai un terrein de 25 toises de hauteur sur 10 de largeur. Cela donnera un jour de Lorraine.

25 toises font 225 pieds de France de hauteur et 90 pieds de largeur.

En divisant ces dimensions par 4, je trouve qu'il faut 1232 perches pour la première méthode ci. 1232

En les divisant par 6, il en faut ci. . 1124

Pour la troisième méthode, il en faut ci. 1000

Total. . . . 3356

Total. 3356

Le tiers est de. 1119

Il faut donc en terme moyen et en compte rond, 1100 perches pour armer un jour de houblonnière.

Le 100 de perches devant avoir une durée moyenne de 10 ans, coûtera aujourd'hui 50 fr. tant pour le prix d'achat, que pour la conduite, l'écorsage et l'épointage,
ci pour 1100 perches. 550

L'intérêt annuel de cette somme est de. 27, 50

Entretien annuel des perches à raison d'un dixième par an. . . . . . 55, »

. Total. 82, 50

Il faut déduire de cette somme la valeur de 110 perches hors de service. 15, »

Reste à payer par an. . . 67, 50

Selon la méthode nouvelle, il faut en fil de fer, savoir :

225 pieds, longueur d'une ligne, multipliés par 15, nombre de lignes, donnent 3375 pieds de fil de fer qui, divisés par 28 exigeront 120 livres et demi de fil de fer à 50 c. l'une, ci. 60, 25

Pour les doubles crochets 43 livres à 50 c. l'une, ci. 21, 50

Report.	81, 75
Ajustage des baguettes de fer et des crochets.	12, »
Il faut 9 chevalets par ligne, et pour les 15 lignes 135 chevalets à 10 c. l'un ci.	13, 50
500 baguettes en terme moyen à 50 c. le 100 ci.	2, 50
Fil de fer pour lier les têtes de chevalets.	2, »
30 piquets à 5 c.	1, 50
30 pitons à 5 c.	1, 50
Total.	114, 75
Intérêt de cette somme.	5, 74
Entretien annuel ci.	5, »
Total.	10, 74
A déduire de 67, 50 que coûte la méthode actuelle pour les perches seulement, il reste.	56, 76
Somme égale. . . .	67, 50

Voilà d'abord une somme de cinquante-six francs soixante-seize centimes, que l'on économisera tous les ans par jour de houblonnière, et la mise de fond se trouvera réduite au cinquième.

Il résulte aussi un second bénéfice sur les frais de culture et d'engrais.

Les plants de houblon tels qu'ils existent aujourd'hui dans les houblonnières sont trop rapprochés, et il sera bon d'en arracher un entre deux, partout où ils se trouveront à la distance de 4 ou 5 pieds, ce qui est presque général; ils pourront subsister lorsqu'ils seront à 6 pieds de France. (1)

L'on n'aura donc que moitié de plants à châtrer, il ne faudra plus que la moitié d'engrais nécessaire pour tenir la houblonnière en bon état de fertilité; ce qui procurera une économie considérable, dans les villes surtout où les fumiers et les engrais de toute espèce sont si chers. Il ne faut plus que la moitié de temps pour dresser les lignes en fil de fer et les défaire qu'il en faut dans la méthode actuelle. Cependant je ne porterai cette économie

qu'à.	15	»
A ajouter.	56	76
Total.	71	76

(1) Dans la Houblonnière de M. Carez, les plants étaient à 12 pieds de distance et ont donné de beaux produits, comme on l'a vu par sa lettre. Cependant j'ai cru cet éloignement un peu trop considérable. Au printemps dernier, j'ai élevé une houblonnière neuve dont les lignes sont à 6 pieds entre elles, est les plants à 8 pieds, sur chacun desquels je compte élever quatre brins. Cette quantité me paraît suffisante d'après le résultat de cette année, car j'ai remarqué que les pieds les moins chargés de brins avaient donné les plus beaux cônes, et c'est une observation que l'on a faite généralement depuis long-temps.

Lorsqu'on voudra faire la récolte du houblon, et pour donner la plus grande facilité aux ouvriers, il suffira d'écarter toutes les branches des chevalets. Par ce moyen on abaissera à volonté la longue guirlande que l'on mettra ainsi à la portée de tous sans embarras et sans dépense.

Lorsqu'une ligne sera récoltée, on coupera toutes les tiges à un pied de terre: on replacera les chevalets comme ils étaient avant la cueillette et on laissera de cette manière sécher la fanne du houblon pendant quelques jours, jusqu'à ce qu'il soit temps d'en faire usage. La rareté du bois, et son prix élevé commandent impérieusement la nécessité d'utiliser toute espèce de combustible. Ainsi lorsqu'on jugera la déssication assez avancée, on défera les lignes de fil de fer, on en réunira les bouts par paquets pour les transporter à la maison, où ils seront logés dans un endroit sec, pour prévenir la rouille. On coupera toutes ces guirlandes par bout de 4 pieds de longueur et on en liera huit ensemble avec deux liens que l'on aura sous la main. On obtiendra ainsi par jour de houblonnière, un cent de fagots avec lesquels on chauffe très-bien le four. Les chevalets et les baguettes se dresseront en tas, comme les perches.

Enfin, le plus grand avantage de cette nouvelle méthode, c'est que l'on pourra, sans inconvénient, planter ou semer des légumes entre les lignes du houblon. Les choux de toute espèce, les haricots nains, le maïs, le pavot, la carotte, le navet, la disette, les pommes de terre, etc., y végéteront tout aussi bien qu'en plein champ, sans nuire au houblon. Tous ces légumes semés ou repiqués en ligne, ne doivent occuper que deux pieds de terrein dans les houblonnières espacées de six pieds. Ainsi ces lignes seront à deux pieds de distance entr'elles, et l'on aura encore deux pieds entre chacune d'elles et les plants du houblon, pour la libre circulation et l'espace nécessaire à la bonne tenue des houblonnières. Le nombre de ces lignes de légumes et leur distance entre elles variera au gré du planteur, mais je me permettrai de rappeler une loi générale de la végétation, c'est que les semis ou replants de toute espèce trop drus, ne donnent jamais un produit proportionnel plus considérable, et qu'alors on fatigue inutilement la terre et qu'on augmente en pure perte les frais de culture.

Toutes les houblonnières sont assez généralement plantées dans des terreins fertiles par eux-mêmes, ce qui doit être, parceque le houblon est une plante très-épuisante. Dans les terreins moins bons, on supplée à leur fertilité par de copieux engrais, mais leur culture, dans tous les cas, exige que le sol soit tenu avec la plus grande propreté et que la terre soit amenée à un état complet d'ameublissement; on voit alors que la culture des légumes entre les lignes n'occasionnera pas de dépense extraordinaire; d'où je conclus qu'en ajoutant la valeur de ces récoltes de légumes, au montant des économies que l'on obtient par la nouvelle méthode, on se couvrira, ou à-peu-près, de toutes les dépenses de la culture du houblon, qui alors sera un produit net plus ou moins considérable, selon qu'il aura plus d'écoulement dans le commerce.

J'ai vu souvent des légumes plantés dans les houblonnières, mais privés presque toujours d'air et de soleil, ils restent chétifs et ne remplissent qu'imparfaitement le but utile qu'on s'était proposé. Cette année, j'ai repiqué le même jour et avec du replant pris dans la même pépinière, des disettes dans la totalité de ma houblonnière. Celles crues sous les perches n'ont donné qu'un produit insignifiant; tandis que celles venues entre les lignes du houblon, ont toujours été de la plus grande beauté.

Je terminerai en rappelant aux planteurs les accidents graves occasionnés, tous les ans, soit par de grands vents, comme l'année dernière, ou par les orages. Les dégats se multiplieront toujours davantage d'année en année, car pour faire une économie sur les perches, on les emploie encore lorsqu'elles sont à-peu-près hors de service; mais celles-ci, sans cause déterminante, succomberont sous le poids de la récolte qu'elles portent, pour peu qu'elles ne soient pas plantées bien verticalement, et détérioreront encore, en tombant, celles le long desquelles elles glisseront avant d'arriver à terre. De pareils accidents ne sont pas à craindre avec les précautions que j'ai indiquées et que tout le monde peut apprécier. Il n'y aurait de dangers qu'autant que le fil de fer viendrait à rompre, ce qui n'arrivera pas si les mailles sont bien cordelées, et que le fil de fer soit recuit bien également. Les personnes qui craindraient de manquer ces opérations essentielles, trouveront cette marchandise toute préparée à la manufacture d'Autrey, aux prix indiqués plus haut, c'est-à-dire, à raison de 57 fr. 30 c. le quintal de fil de fer bien ajusté.

www.ingramcontent.com/pod-product-compliance
Ingram Content Group UK Ltd.
Pitfield, Milton Keynes, MK11 3LW, UK
UKHW021021180726
13838UKWH00004B/1596